百姓百味

家常
蔬果汁

甘智荣 ◎ 主编

黑龙江科学技术出版社
HEILONGJIANG SCIENCE AND TECHNOLOGY PRESS

图书在版编目（ＣＩＰ）数据

家常蔬果汁 / 甘智荣主编. -- 哈尔滨 ： 黑龙江科
学技术出版社，2018.3
（百姓百味）
ISBN 978-7-5388-9510-0

Ⅰ.①家⋯ Ⅱ.①甘⋯ Ⅲ.①果汁饮料－制作②蔬菜
－饮料－制作 Ⅳ.①TS275.5

中国版本图书馆CIP数据核字(2018)第014202号

家 常 蔬 果 汁
JIACHANG SHUGUO ZHI

主　　编	甘智荣	
责任编辑	焦琰　张云艳	
摄影摄像	深圳市金版文化发展股份有限公司	
策划编辑	深圳市金版文化发展股份有限公司	
封面设计	深圳市金版文化发展股份有限公司	
出　　版	黑龙江科学技术出版社	

地址：哈尔滨市南岗区公安街70-2号　邮编：150007
电话：（0451）53642106　传真：（0451）53642143
网址：www.lkcbs.cn

发　　行	全国新华书店
印　　刷	深圳市雅佳图印刷有限公司
开　　本	685 mm×920 mm　1/16
印　　张	13
字　　数	160千字
版　　次	2018年3月第1版
印　　次	2018年3月第1次印刷
书　　号	ISBN 978-7-5388-9510-0
定　　价	39.80元

目 录 Contents

Chapter 1
自制蔬果汁，你需要了解这些

Chapter 2
自制基础款蔬果汁常用的 21 种蔬果

Chapter 3
一杯蔬果汁，功效满满

Chapter 4
美味蔬果汁，适合全家饮用

自制蔬果汁，
你需要了解这些

Chapter 1

准备好工具，自制蔬果汁更轻松

要想制作出营养鲜美的蔬果汁，离不开榨汁机、搅拌棒等"秘密武器"，这些"秘密武器"您都会用吗？在使用榨汁工具的过程中，还要注意哪些问题呢？下面，我们就把一些经常用到的榨汁工具给大家做个介绍。

榨汁机

榨汁机是一种能将蔬果快速榨成果蔬汁的机器。

配置：主机、一字刀、十字刀、高杯、低杯、组合豆浆杯、盖子、口杯4个、彩色环套4个等。

使用方法

①把材料洗净后，切成小块。

②放入材料，将容器放在出汁口下面，打开开关，用挤压棒往投料口挤压。

使用注意

①不要直接用水冲洗主机。

②在没有装置杯子之前，请不要用手触动内置式开关。

③刀片部和杯子组合时要完全拧紧，否则会出现漏水及杯子掉落等情况。

清洁建议

①榨汁机如果只榨了蔬菜或水果，用温水冲洗并用刷子清洁即可。

②若用榨汁机榨了油腻的东西，清洗时可在水里加一些洗洁剂转动清洗即可。

选购诀窍

①机器必须操作简单，便于清洗。

②转速一定要慢，最好是70～90转/分。

果汁机

香蕉、桃子、木瓜、杧果等含有细纤维的蔬果，最适合用果汁机来制果汁，因为会留下细小的纤维或果渣，和果汁混合会呈现浓稠状，使果汁具有很好的口感。

使用方法

①将材料的皮及籽去除，将其切成小块，加水搅制。

②材料不宜太多，要少于容量的1/2。

③搅制时间一次不可持续2分钟以上。

④冰块不可单独搅制，要与其他材料一起搅制。

⑤材料投放的顺序应为：先放切成块的固体材料，再加液体材料搅制。

清洁建议

①用完后应立即洗净晾干。

②里面的钢刀，须先用水泡一下再冲洗，最好使用棕毛刷清洗。

压汁机

适合用来制作柑橘类的水果例如：橙子、柠檬、葡萄柚等的果汁。

使用方法

水果最好采用横切方式，将切好的果实覆盖在压汁机上，再往下压并且左右转动，即可挤出汁液。

清洁建议

①用完压汁机应马上用清水清洗，而压汁处因为有很多缝细，需用海绵或软毛刷清洗残渣。

②清洁时应避免使用菜瓜布，因为会刮伤塑料，容易让细菌潜藏。

搅拌棒

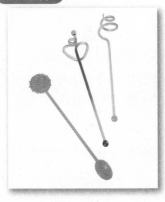

搅拌棒是让果汁中的汁液和溶质能均匀混合的好帮手，不必单独准备，以家中常用的长柄金属汤匙代替即可。果汁制作完成后倒入杯中，这时用搅拌棒搅匀即可。

清洁建议

搅拌棒使用完后立刻用清水洗净、晾干。

选购诀窍

搅拌棒经常和饮品接触，表面光滑的容易清洗，质量佳的可反复使用。

磨钵

磨钵适合用于卷心菜、菠菜等叶茎类食材制作蔬果汁时使用。此外，像葡萄、草莓、蜜柑等柔软，水分又多的水果，也可用磨钵制作果汁。

使用方法

将材料切碎，放入钵内，再用研磨棒捣碎、磨碎之后，用纱布包起将其榨出蔬果汁。要注意将材料、磨钵及研磨棒上的水分拭干。

砧板

切蔬果和肉类的砧板最好分开来使用，除可以防止食物细菌存留外，还可以防止蔬菜、水果沾染上肉类的味道，影响蔬果汁的口味。

清洁建议

塑料砧板每次用完后要用海绵沾漂白剂清洗干净并晾干。

选购诀窍

选购砧板应本着耐用、平整的原则，应注意整个砧板是否完整，厚薄是否一致，有没有裂缝。

水果刀

水果刀多用于切水果、蔬菜等食物。家里的水果刀最好是专用的，不要用水果刀切肉类或其他食物，也不要用菜刀或其他刀来切水果和蔬菜，以免将细菌留存水果和蔬菜当中，危害健康。

清洁建议

①每次用完水果刀后，应用清水清洗干净、晾干，然后放入刀套。

②如果刀面生锈，可滴几滴鲜柠檬汁在上面，轻轻擦洗干净，用这种方法除锈，既清洁消毒，又安全，无任何毒副作用。

③切勿用强碱、强酸类化学溶剂洗涤。

选购诀窍

要选择表面光亮，无划伤、凹、坑、皱折等缺陷的水果刀。

削皮刀

削皮刀一般用于处理水果和蔬菜的去皮工序上。削皮刀操作简单，比水果刀更方便、更安全。

清洁建议

每次削完皮之后应立即清洗干净，并及时晾干，以免生锈。

选购诀窍

①选择正规产品，最好是有商标、厂家、地址等信息的产品。

②选择质量好的、不锈钢的削皮刀，握柄要光滑，刀面要锋利。

蔬果的选购、清洗及保存窍门

很多人在家自制蔬果汁时感觉蔬果汁口感并不佳，其实，榨蔬果汁是有讲究的。比如榨蔬果汁前一定要做好各种准备工作，尤其要注意挑选新鲜的蔬果，因为蔬果是否新鲜直接影响到榨汁的口感。此外还应注意蔬果的清洗和保存等。

正确挑选蔬菜和水果

要看蔬菜的颜色

各种蔬菜都具有本品种固有的颜色、光泽，显示蔬菜的成熟度及新鲜程度。蔬菜不是颜色越鲜艳越好，如购买豆角时，豆荚不饱满、豆粒没有光泽的要慎选。

要看形状是否有异常

新鲜的蔬菜具有新鲜的形态，如有蔫萎、干枯、损伤、变色、病变、虫害侵蚀，则为异常形态。还有的蔬菜由于人工使用了激素类物质，会长得畸形。这些异常形态的蔬菜要慎选。

要闻一下蔬菜的味道

多数蔬菜具有清香、甘辛香、甜酸等气味，而不应有腐败气味和其他异味。

要看水果的外形、颜色

尽管经过催熟的果实能够呈现出成熟的性状，但是作假只能对其某一方面有影响，果实的皮或其他方面还是会有不成熟的现象。比如自然成熟的西瓜，由于光照充足，所以瓜皮花色深有光泽、条纹清晰、瓜蒂老结；催熟的西瓜瓜皮颜色鲜嫩、条纹浅淡、瓜蒂发青。人们一般比较喜欢"秀色可餐"的水果，而实际上，其貌不扬的水果更让人放心。

通过闻水果的气味来辨别

自然成熟的水果，大多在表皮上能闻到一种果香味；催熟的水果不仅没有果香味，反而还有异味。催熟的水果散发不出香味，催得过熟的水果往往能闻得出发酵味，注水的西瓜能闻得出自来水的漂白粉味。此外，催熟的水果有个明显特征，就是分量重。同一品种大小相同的水果，催熟的、注水的水果同自然成熟的水果相比要重很多，容易识别。

正确清洗蔬菜和水果

淡盐水浸泡

一般蔬菜先用清水至少冲洗3~6遍，然后放入淡盐水中浸泡1小时，之后再用清水冲洗1遍。对卷心类蔬菜，可先切开，然后放入清水中浸泡2小时，之后再用清水冲洗，以清除残留农药。

碱洗

先在水中放上一小撮碱粉或碳酸钠，搅匀后再放入蔬菜，浸泡5~6分钟，再用清水冲洗干净。也可用小苏打代替，但要适当延长浸泡时间到15分钟左右。

用开水泡烫

在用青椒、花菜、豆角、芹菜等做菜时，下锅前最好先用开水烫一下，可清除90%的残留农药。

用日照消毒

阳光照射蔬菜会使蔬菜中部分残留农药被分解、破坏。据测定，蔬菜、水果在阳光下照射5分钟，农药有机氯、有机汞的残留量会减少60%。方便贮藏的蔬菜，应在室温下放两天左右，残留化学农药就会平均消失5%。

用淘米水洗

淘米水属酸性，农药有机磷遇酸性物质就会失去毒性。在淘米水中浸泡10分钟左右，再用清水洗干净，就能使蔬菜残留的农药成分减少。

用盐水清洗

将水果浸泡于加盐的清水中约10分钟（清水：盐＝500克：2克），再以大量的清水冲洗干净。

用海绵菜瓜布将表皮搓洗干净

若是连皮品尝水果，如阳桃、番石榴，则需以海绵菜瓜布将表皮搓洗干净。

削皮

清洗水果农药残留的最佳方式是削皮，如柳橙、苹果等均可削皮。

正确保存蔬菜和水果

瓜果类蔬菜相对来说比较耐储存，因为它们具有一种成熟的形态——果实，有外皮阻隔外界与内部的物质交换，所以保鲜时间较长。但是，越幼嫩的果实越不耐存放。

以下将为大家介绍叶菜类、根茎类、瓜果类、豆类蔬菜的保存方法。

①叶菜类：最佳保存环境是0℃～4℃，可存放两天，但最好不要低于0℃。

②根茎类：最佳保存环境是放在阴凉处，可存放一周左右；但不适合冷藏。

③瓜果类：最佳保存环境是10℃左右，可存放一周左右，但最好不要低于8℃。

④豆类菜：最佳保存环境是10℃左右，可存放5～7天，但最好不要低于8℃。

有些水果（如酪梨、猕猴桃）在购买时尚未完全成熟，此时必须放置于室温下几天，待果肉成熟软化后再放入冰箱冷藏保存。如果直接将未成熟的水果放入冰箱，则水果就成了所谓的"哑巴水果"，再也难以软化了。而有些水果（如香蕉）则最好不要放于冰箱冷藏，否则很快就会坏掉。其他大部分水果可放冰箱冷藏5～7天。

三大净化力，你不知道的蔬果汁营养奥秘

1.富含净化身体的关键物质——酶

　　酶是提升身体净化力的关键物质，它与呼吸、代谢、食物的消化吸收、血液循环等生命活动关系密切。我们所说的酶包括人体自身合成的酶与食物中的酶。新鲜蔬果中不仅富含酶，还含有各种维生素及矿物质等"辅酶"，它们是能帮助相应的酶顺利运作的"好帮手"。

2.水是营养素的最佳载体

　　多饮健康的水是提升身体净化力的最佳方法之一。蔬果汁的优势就在于，它将所有的营养素充分溶解于水中，使其更加容易被消化吸收，从而有效提升身体净化力。

3.根据身体需要进行搭配组合

　　摄入蔬果的种类越多、色彩越丰富，其营养价值越高。如果一杯蔬果汁包含2~4种不同的蔬果，每天2杯就能满足人体的日常需要。此外，还可以根据具体的健康诉求，如调理失眠、清热、消火等，选择具有特定养生功效的蔬果进行搭配。

一杯蔬果汁含有的营养素

膳食纤维	膳食纤维是肠道的"清洁工"，可以改善便秘的状况
维生素	维生素被誉为身体的"润滑油"，可促进糖类和脂肪代谢
钾	钾可让多余的钠排出体外，确保正常的细胞内部环境
植物生化素	蔬果丰富的色彩来自其富含的植物生化素，属于天然食物色素
糖	水果中的果糖被称为"健康糖"，可被身体吸收，转化为能量
蛋白质	蛋白质是维持生命活动必需的营养素，它是肌肉等组织的制造原料

依据体质，选择合适的蔬果汁

经医学实践得知，人们根据自己的体质选择正确的蔬果汁，可以达到改变体质的目的。那么就让我们了解一下自己属于哪种体质，适合吃哪些蔬果，再来选择适合自己的蔬果汁吧！

平和体质

总体特征：阴阳气血调和，以体态适中、面色红润、精力充沛等为主要特征。

常见表现：面色、肤色润泽，头发稠密有光泽，目光有神，鼻色明润，嗅觉通利，唇色红润，不易疲劳，精力充沛，耐受寒热，睡眠良好，胃纳佳，二便正常，舌色淡红，苔薄白，脉和缓有力。

食养原则："谨和五味"，顺应四时阴阳以维持阴阳平衡，酌量选食具有缓补阴阳作用的食物，以增强体质。

宜吃蔬菜：韭菜、香菜、萝卜、菠菜、黄瓜、丝瓜、冬瓜、大白菜、南瓜、芹菜、春笋、荠菜、油菜、菜花等。

宜吃水果：桃子、李子、杏、梨、樱桃、番石榴、荔枝、木瓜等。

气虚体质

总体特征：元气不足，以疲乏、气短、自汗等气虚表现为主要特征。

常见表现：平素语音低弱，气短懒言，容易疲乏，精神不振，易出汗，舌淡红，舌边有齿痕，脉弱。

食养原则：补气养气、益气健脾。

宜吃蔬菜：红薯、南瓜、卷心菜、胡萝卜、土豆、山药、莲藕等。

宜吃水果：红枣、苹果、橙子等。

阳虚体质

总体特征：阳气不足，以畏寒怕冷、手足不温等虚寒表现为主要特征。

常见表现：平素畏冷，手足不温，喜热饮食，精神不振，舌淡胖嫩，脉沉迟。

食养原则：益阳驱寒、温补脾肾。

宜吃蔬菜：竹笋、紫菜、韭菜、南瓜、胡萝卜、山药、黄豆芽等。

宜吃水果：柑橘、柚子、香蕉、甜瓜、火龙果、马蹄、枇杷等。

阴虚体质

总体特征：阴液亏少，以口燥咽干、手足心热等虚热表现为主要特征。

常见表现：手足心热，口燥咽干，鼻微干，大便干燥，舌红少津，脉细数。

食养原则：补阴清热，滋养肝肾。

宜吃蔬菜：冬瓜、丝瓜、苦瓜、黄瓜、菠菜、生莲藕等。

宜吃水果：石榴、葡萄、柠檬、苹果、梨、柑橘、香蕉、枇杷、阳桃、桑葚等。

湿热体质

总体特征：湿热内蕴，以面垢油光、口苦、苔黄腻等湿热表现为主要特征。

常见表现：面垢油光，易生痤疮，口苦口干，身重困倦，大便黏滞不畅或燥结，排尿短黄，男性易阴囊潮湿，女性易带下增多，舌质偏红，苔黄腻，脉滑数。

食养原则：宜清淡，少甜食，以温食为主。

宜吃蔬菜：苦瓜、丝瓜、菜瓜、芹菜、荠菜、芥蓝、竹笋、紫菜等。

宜吃水果：西瓜、梨、柿子、猕猴桃、香蕉、甘蔗等。

痰湿体质

总体特征：痰湿凝聚，以形体肥胖、腹部肥满、口黏苔腻等痰湿表现为主要特征。

常见表现：面部皮肤油脂较多，多汗且黏，胸闷痰多，口黏腻或甜，喜食肥甘甜黏，苔腻，脉滑。

食养原则：化痰除湿。

宜吃蔬菜：白萝卜、紫菜、洋葱、卷心菜、芥菜、韭菜、大头菜、香椿、山药、土豆、香菇等。

宜吃水果：枇杷、白果、木瓜、杏、荔枝、柠檬、樱桃、杨梅等。

血瘀体质

总体特征：血行不畅，以肤色晦暗、舌质紫暗等血瘀表现为主要特征。

常见表现：肤色晦暗，色素沉着，容易出现瘀斑，口唇黯淡，舌暗或有瘀点，舌下络脉紫暗或增粗，脉涩。

食养原则：活血化瘀。

宜吃蔬菜：油菜、慈姑、茄子、胡萝卜、韭菜、黑木耳等。

宜吃水果：杧果、番木瓜、金橘、橙子、柚子、桃子等。

气郁体质

总体特征：气机郁滞，以神情抑郁、忧虑脆弱等气郁表现为主要特征。

常见表现：神情抑郁，情感脆弱，烦闷不乐，舌淡红，苔薄白，脉弦。

食养原则：疏肝理气、行气解郁。

宜吃蔬菜：洋葱、丝瓜、卷心菜、香菜、萝卜、油菜、刀豆、黄花菜等。

宜吃水果：佛手、橙子、柑橘、柚子、葡萄等。

特禀体质

总体特征：先天失常，以生理缺陷、过敏反应等为主要特征。

常见表现：过敏体质者常见哮喘、起风团、咽痒、鼻塞、打喷嚏等症状；患遗传性疾病者有垂直遗传、先天性、家族性特征；患胎遗传性疾病者具有母体影响胎儿个体生长发育及相关疾病特征。

食养原则：防过敏，饮食宜清淡。

宜吃蔬菜：红薯、芦笋、卷心菜、花菜、芹菜、茄子、甜菜、胡萝卜、大白菜等。

宜吃水果：木瓜、草莓、橘子、柑橘、猕猴桃、杧果、杏、柿子和西瓜。

饮用蔬果汁，需要注意这些方面

蔬果汁虽然美味又营养，但是喝蔬果汁前应该注意哪些问题，如何喝蔬果汁更营养，以及是不是所有人都适合喝蔬果汁，这些都是饮用蔬果汁前应该了解的知识。以下将为大家详细介绍一些关于蔬果汁的注意事项。

制作蔬果汁的原料要注意搭配

自制蔬菜水果汁时，要注意蔬菜水果的搭配，有些蔬菜水果含有一种会破坏维生素C的物质，如胡萝卜、南瓜、小黄瓜、哈密瓜，如果与其他蔬菜水果搭配，会使其他蔬菜水果中的维生素C受到破坏。不过，由于此物质容易受酸的破坏，所以在自制新鲜蔬菜水果汁时，可以加入像柠檬这类较酸的水果，来预防维生素C被破坏。

加盐会使果汁更美味

有些水果经过盐水浸泡，吃起来确实更甜、口感更好，比如哈密瓜、桃子、梨、李子等。俗话说："要想甜，加点盐。"为什么盐能增加水果的甜味？可以这样简单地理解：由于咸与甜在味觉上有明显的差异，当食物以甜味为主时，添加少量的咸味便可增加两种味觉的差距，从而使甜味感增强，即觉得"更甜"。

喝蔬果汁的最佳时间

一般早餐很少吃蔬菜和水果的人，容易缺失维生素等营养元素。在早晨喝一杯新鲜的蔬果汁，可以补充身体需要的水分和营养，醒神又健康。当然，早餐饮用蔬果汁时，最好是先吃一些主食再喝。如果空腹喝酸度较高的果汁，会对胃造成强烈刺激。

中餐和晚餐时都要尽量少喝果汁。因为蔬果汁的酸度会直接影响胃肠道的酸度，大量的蔬果汁会冲淡胃消化液的浓度，蔬果汁中的果酸还会与膳食中的某些营养成分结合影响这些营养成分的消化吸收，使人们在吃

饭时感到胃部胀满，饭后消化不好，肚子不适。而在两餐之间喝点蔬果汁，不仅可以补充水分，还可以补充日常饮食上缺乏的维生素和矿物质元素，是十分健康的。

不宜大口饮用蔬果汁

炎热的夏季，当一杯蔬果汁放在面前时，很多人选择大口快饮，其实这种做法是不对的。正确的做法应该是，要细细品味美味的蔬果汁，一口一口慢慢喝，这样蔬果汁才容易完全被人体吸收，起到补益身体的作用。若大口痛饮，那么蔬果汁中的很多糖分就会很快进入血液中，使血糖迅速上升。

哪些人不宜喝蔬果汁

肾病患者不宜喝蔬果汁

因为蔬菜中含有大量的钾离子，而肾病患者因无法排出体内多余的钾，如果喝果蔬汁就有可能造成高血钾症，所以肾病患者不宜喝蔬果汁。

糖尿病患者不宜喝蔬果汁

由于糖尿病患者需要长期控制血糖，所以在喝蔬果汁前必须计算其糖类的含量，并将其纳入日常饮食计划中，否则对身体不利。

胃溃疡患者不宜喝蔬果汁

蔬果汁属寒凉食物，胃溃疡患者若在夏天饮用太多蔬果汁，会使消化道的血液循环不良，不利于胃溃疡的愈合。尤其饮用含糖较多的蔬果汁，会增加胃酸的分泌，使胃溃疡更加严重，且容易发生胀闷现象，引起打嗝。

急慢性胃肠炎患者不宜喝蔬果汁

急慢性胃肠炎患者不宜进食生冷的食物，最好不要饮用蔬果汁。

不宜用蔬果汁送服药物

不宜用蔬果汁送服药物，因为蔬果汁中的果酸容易导致各种药物提前分解和溶化，不利于药物在小肠内吸收，影响药效。

蔬果汁不宜放置太长时间

蔬果汁现榨现喝才能发挥最大效用。新鲜蔬菜水果汁含有丰富的维生素，若放置时间长了，维生素会遭到破坏，使得营养价值降低。

自制基础款蔬果汁
常用的 21 种蔬果

Chapter 2

草莓

材料 草莓80克
白萝卜60克
牛奶80毫升

草莓牛奶萝卜汁

做法

❶ 草莓洗净,去蒂;白萝卜洗净,去皮,切丁。

❷ 将所有材料一起放入榨汁机中榨汁,再倒入杯中即可。

材料 草莓60克
　　　杧果50克
　　　橘子30克
　　　蒲公英少许

草莓橘子蔬果汁

做法

❶ 草莓去蒂，洗净，切块；橘子去皮，去籽，洗净，切成4块；杧果去皮、
核，取肉切块；蒲公英洗净。

❷ 将所有材料入榨汁机中榨汁，倒入杯中即可。

番石榴

材料 番石榴80克
圣女果40克
芦荟20克
蜂蜜适量

番石榴芦荟圣女果汁

做法

❶ 番石榴切成小块；圣女果对半切开；芦荟取肉，切成小块。

❷ 将番石榴、芦荟、圣女果放入榨汁机，倒入蜂蜜，榨成汁即可。

番石榴橘子汁

材料　番石榴100克
　　　橘子80克
　　　柳橙30克
　　　白糖少许

做法 ─────────

❶ 番石榴洗净，去掉头尾，切成小块。

❷ 橘子剥掉果皮，将橘子瓣分开备用。

❸ 柳橙去除果皮，掰成瓣备用。

❹ 将上述材料装进榨汁机中，加入少许白糖，榨汁即可。

番石榴西芹汁

材料 番石榴150克
西芹100克

做法 ────────────────

❶ 番石榴洗净，切小块；西芹洗净，切段，入沸水焯煮片刻后，捞出，沥干水分，待用。

❷ 将西芹、番石榴一起放入榨汁机中榨汁，最后把榨好的果蔬汁倒入玻璃杯中即可享用。

番石榴橙子山楂汁

材料　番石榴130克
　　　山楂20克
　　　橙子40克

做法 ────────────────

❶ 番石榴对半切开，再切成小块；橙子去皮，切成小块。山楂去核，
　切成小块。

❷ 将所有材料放入榨汁机中，榨成汁后倒入杯中即可。

菠萝

菠萝姜汁

材料 菠萝200克
生姜5克

做法 ————————————————————

❶ 菠萝去皮，洗净，切块；生姜洗净，去皮，切细粒。

❷ 将所有材料放入榨汁机榨成汁即可饮用。

材料 菠萝30克
木瓜30克
苹果30克

菠萝木瓜苹果汁

做法

❶ 菠萝去皮，洗净，切小块；苹果、木瓜均洗净，苹果去皮、籽，木瓜去皮、瓤，切块。

❷ 将所有材料放入榨汁机中榨汁，再倒入杯中即成。

材料 菠萝50克
西红柿150克
柠檬20克
蜂蜜少许

菠萝西红柿汁

做法

① 菠萝洗净，去皮，切成小块。

② 西红柿去蒂洗净。

③ 柠檬洗净，去皮，切小块。

④ 将以上材料倒入榨汁机内，榨成汁，加入蜂蜜拌匀即可。

材料 菠萝150克
　　柠檬20克
　　芹菜100克
　　蜂蜜15克
　　糖水15毫升

菠萝芹菜汁

做法 ————————————————————————

❶ 菠萝果肉切小块；柠檬洗净对切；芹菜去叶洗净，切小段。

❷ 将菠萝、柠檬、芹菜放入榨汁机中榨汁，再将汁倒入榨汁机中，加蜂蜜、糖水，以高速榨40秒钟即可。

西瓜

材料 西瓜200克
柠檬40克
蜂蜜适量

西瓜柠檬汁

做法

① 西瓜洗净，取肉，切成小块，用榨汁机榨出汁。

② 柠檬去皮、核，取肉，放入榨汁机榨成汁。

③ 西瓜汁与柠檬汁混合，加蜂蜜拌匀即可。

材料 橙子100克
西瓜200克
蜂蜜适量

西瓜橙子蜂蜜汁

做法

① 将橙子去皮，切丁；用勺子将西瓜肉挖出，备用。

② 将以上材料放入榨汁机中榨汁，滤出果汁，倒入杯中加蜂蜜搅匀即可。

荔枝

材料 荔枝100克
菠萝80克
薄荷叶适量

荔枝菠萝汁

做法

❶ 荔枝取肉；菠萝去皮，切成均匀小块；薄荷叶洗净备用。

❷ 将荔枝、菠萝放入榨汁机榨汁后倒入杯中，用薄荷叶点缀即可。

材料 荔枝200克
西瓜500克

荔枝西瓜汁

做法

❶ 将荔枝果皮剥掉，取果肉，拿掉内核。

❷ 西瓜去表皮，切小块。

❸ 把上述材料放进榨汁机中，盖上榨汁机盖，榨成汁即可。

葡萄

材料 葡萄150克
茄子60克
梨40克
柠檬20克

葡萄茄子梨汁

做法 ─────────

❶ 葡萄洗净，去皮、籽；茄子、梨洗净，去蒂，切块。

❷ 将上述材料放入榨汁机榨汁，再倒入杯中即可。

材料 石榴2个
葡萄150克
葡萄酒50毫升
冷开水适量

葡萄石榴汁

做法

❶ 将石榴剥开，取果肉；将葡萄洗净，去皮、去籽。

❷ 将石榴、葡萄和适量冷开水倒入榨汁机中榨汁，最后加葡萄酒拌匀即可。

葡萄杧果香瓜汁

材料 葡萄120克
杧果80克
香瓜100克

做法 ——————————————

❶ 葡萄取肉；香瓜取肉，切块；杧果挖出果肉。

❷ 把所有材料放入榨汁机中，榨成汁，搅拌均匀后装杯即可。

材料 葡萄150克
芜菁50克
梨80克
柠檬20克
冰块少许

葡萄芜菁梨汁

做法

❶ 葡萄剥皮，去籽；芜菁的叶和根切开；梨洗净，去皮、核，切块；柠檬洗
净，切片。

❷ 将葡萄、芜菁、柠檬、梨放入榨汁机一起榨成汁，加冰块拌匀即可。

柠檬

材料 柠檬60克
　　　绿豆芽150克
　　　蜂蜜30克
　　　纯净水80毫升

柠檬豆芽汁

做法

① 洗好的柠檬切瓣，去皮、去核，切块。

② 沸水锅中倒入洗净的绿豆芽，余烫20秒至断生，捞出后沥干水分备用。

③ 榨汁机中倒入余好的绿豆芽，加入柠檬块，注入80毫升纯净水。

④ 盖上盖，榨约35秒成蔬果汁。

⑤ 将榨好的蔬果汁倒入杯中，淋上蜂蜜，即可饮用。

柠檬桃汁

材料　桃子80克
　　　柠檬100克
　　　蜂蜜10克

做法

❶ 将柠檬洗净，对半切开后榨成汁备用。

❷ 将桃子去皮、核，倒入榨汁机中榨汁。

❸ 最后将柠檬汁和桃子汁倒入大杯中加蜂蜜搅拌均匀即可。

材料 柠檬80克
柳橙150克

柠檬柳橙汁

做法 ————

❶ 柠檬洗净，去皮、核，切块；柳橙洗净，去皮、籽，切成块备用。

❷ 将柠檬块、柳橙块放入榨汁机中，榨成汁即可。

材料 柠檬80克
西蓝花100克
橘子40克

柠檬西蓝花橘汁

做法 ———

❶ 柠檬洗净连皮切成3块；西蓝花去除叶子，花球部分切成块；橘子去皮、
籽，取肉备用。

❷ 将柠檬、橘子和西蓝花放进榨汁机榨成汁即可。

材料 柠檬80克
柊白20克
香瓜40克
猕猴桃40克
冰块少许

柠檬茭白果汁

做法

❶ 柠檬洗净，连皮切成3块；茭白洗净；香瓜去皮、籽，切小块；猕猴桃削皮后对切。

❷ 将柠檬、猕猴桃、茭白、香瓜依次放入榨汁机榨汁，倒出后再加少许冰块即可。

材料 柠檬100克
　　　芹菜30克
　　　香瓜60克
　　　砂糖少许

柠檬芹菜香瓜汁

做法

❶ 柠檬洗净切片；香瓜去皮，去籽，切块；芹菜洗净切段备用。

❷ 将芹菜段、香瓜、柠檬放入榨汁机中榨汁，最后加入砂糖，搅拌均匀即可。

材料 荔枝60克
香蕉100克
哈密瓜80克
脱脂牛奶200毫升

香蕉荔枝哈密瓜汁

做法

❶ 将材料中所有水果取肉，切块备用。

❷ 将所有水果和牛奶一起放入榨汁机内榨2分钟即可。

材料 香蕉120克
苦瓜20克
油菜40克
蜂蜜适量

香蕉苦瓜油菜汁

做法

❶ 香蕉去皮，切块；苦瓜洗净，去籽，切块；油菜洗净，切成小段。

❷ 将全部材料放入榨汁机中，榨成汁即可。

材料 香蕉80克
柳橙60克
蜂蜜适量
冷开水适量

香蕉柳橙蜂蜜汁

做法

❶ 香蕉去皮，切块；柳橙洗净，取肉。

❷ 将所有材料放入榨汁机内，加适量冷开水，榨成汁即可。

材料 香蕉100克
绿茶茶水少许

香蕉绿茶汁

做法

❶ 香蕉去皮，果肉切小段，放入榨汁机中榨汁，倒入杯中。
❷ 再倒入绿茶茶水调匀即成。

苹果

桂香苹果汁

材料 苹果100克
纯净水100毫升
香蕉40克
肉桂粉少许

做法

❶ 苹果洗净，去核，连皮一起切成小块；香蕉去皮，切成小块。

❷ 将苹果、香蕉放入榨汁机，倒入纯净水，榨成汁后倒入杯中，撒上肉桂粉即可。

石榴苹果汁

材料 苹果1个
　　　柠檬1个
　　　石榴1个

做法

❶ 石榴去外皮，取出果肉；苹果洗净，去核，切块；柠檬取肉榨汁，
　　备用。

❷ 将苹果、石榴顺序交错地放进榨汁机榨汁。

❸ 再加入少许柠檬榨汁即可。

材料 苹果120克
番荔枝80克
蜂蜜20克

苹果番荔枝果汁

做法

① 苹果洗净，去皮，去核，切块；番荔枝去壳，去籽。

② 将苹果、番荔枝放入榨汁机中，再加入蜂蜜，榨30秒钟即可。

材料　苹果130克
　　　油菜100克
　　　柠檬少许

苹果油菜柠檬汁

做法 ────────

❶ 苹果、柠檬分别洗净，去皮、核，切块；油菜洗净。

❷ 把柠檬、苹果、油菜放入榨汁机榨成汁，将蔬果汁倒入杯中即可。

苹果草莓蜜汁

材料 苹果80克
草莓20克
胡萝卜50克
蜂蜜适量

做法 ————————————————

① 苹果、胡萝卜均洗净去皮切块；草莓洗净去蒂切块。

② 将以上材料放入榨汁机内榨汁，倒入杯中，调入蜂蜜即可。

材料 苹果100克
　　　柳橙80克
　　　柠檬20克

苹果柳橙柠檬汁

做法

❶ 苹果洗净，去核，切成块；柳橙、柠檬洗净，去皮，切块。

❷ 把苹果、柳橙和柠檬放入榨汁机中榨汁，再搅拌均匀即可。

橘子

橘子红薯汁

材料 橘子300克
去皮熟红薯50克
肉桂粉少许
纯净水80毫升

做法 ——————————————

❶ 去皮熟红薯切块；橘子剥皮，去橘络，掰成小瓣，待用。

❷ 将红薯块、橘子瓣倒入榨汁机中。

❸ 注入80毫升的纯净水，盖上盖。

❹ 启动榨汁机，榨约15秒成蔬果汁。

❺ 断电后揭开盖，将蔬果汁倒入杯中，放上少许肉桂粉即可。

橘子马蹄蜂蜜汁

材料 橘子70克
　　 马蹄90克
　　 蜂蜜15克
　　 纯净水适量

做法

❶ 马蹄洗净，去皮，切小块；橘子去皮，剥瓣。

❷ 取榨汁机，倒入马蹄、橘子，加纯净水，选择"榨汁"功能榨取蔬果汁后，倒入杯中。

❸ 倒入适量蜂蜜，搅拌均匀即可。

橘子苹果汁

材料　橘子80克
　　　苹果150克
　　　蜂蜜少许

做法 ────────────

❶ 橘子剥皮，去橘络，掰成瓣。

❷ 苹果洗净去皮，切小块。

❸ 将橘子瓣、苹果块放入榨汁机中，加入蜂蜜。盖上榨汁机盖，榨成
　 汁，即可装杯。

橘子萝卜苹果汁

材料 橘子80克
　　 胡萝卜70克
　　 苹果60克
　　 冰糖10克

做法

❶ 胡萝卜洗净，去皮，切小块；苹果洗净，去皮，切成小块；橘子掰成瓣。

❷ 将胡萝卜块、苹果块、橘子瓣一起放入榨汁机内榨成汁，加入冰糖搅拌均匀即可。

杧果

材料 杧果120克
人参果80克
柠檬40克
冷开水适量

杧果柠檬汁

做法

① 杧果与人参果洗净，去皮、籽，切块，放入榨汁机中榨汁。

② 柠檬洗净，切成块，放入榨汁机中榨汁。

③ 将柠檬汁与杧果、人参果汁、冷开水搅匀即可。

材料 杧果150克
哈密瓜150克
鲜奶240毫升
柠檬汁适量

杧果哈密瓜汁

做法

❶ 杧果洗净，取肉；哈密瓜洗净，去皮，去籽，切丁。
❷ 将所有材料放入榨汁机榨成汁即可。

材料 杜果200克
柠檬20克
红椒90克
芝麻菜20克
纯净水80毫升

杜果芝麻菜汁

做法

① 杜果以流水冲洗干净，去掉果皮与内核。

② 柠檬洗净，切薄片，去籽。

③ 红椒洗净，对切，去籽，切小块。

④ 芝麻菜洗净，切段。

⑤ 将上述材料装进榨汁机中，倒入纯净水。盖上榨汁机盖，榨成汁即可。

杧果香蕉椰汁

材料 杧果100克
椰汁200毫升
香蕉80克
菠萝40克

做法

❶ 杧果用十字花刀切取小块果肉；菠萝去皮，切小块；香蕉去皮，切成小块。

❷ 将杧果块、菠萝块、香蕉块一起放入榨汁机中，倒入椰汁，榨成汁即可。

牛油果

材料 牛油果80克
　　 猕猴桃40克
　　 杧果60克
　　 核桃仁20克
　　 纯净水100毫升

牛油果猕猴桃汁

做法

❶ 牛油果去皮，切成小块；猕猴桃去皮，切成小块；杧果用十字花刀切取小块果肉。

❷ 将牛油果、猕猴桃、杧果、核桃仁放入榨汁机，倒入纯净水，榨成汁即可装杯享用。

材料 牛油果200克
柳橙80克
柠檬60克
纯净水适量

牛油果柳橙汁

做法

① 牛油果洗净，去皮、籽，切小块；柳橙取肉；柠檬取肉切片。

② 将牛油果、柳橙、柠檬放入榨汁机中，加适量纯净水，榨成汁即可。

西红柿

材料 西红柿140克
牛奶90毫升
冰块少许

西红柿牛奶汁

做法

❶ 西红柿洗净，去蒂，去皮，切小块，备用。

❷ 将西红柿、牛奶一同放入榨汁机内榨汁，倒入杯中后加入少许冰块即可。

西红柿苹果醋汁

材料 西红柿100克
西芹15克
苹果醋适量

做法 —————

❶ 西红柿洗净，去皮，切块；西芹撕去老皮，洗净并切成小块。

❷ 将所有材料放入榨汁机一起榨成汁，滤出果肉即可。

材料 西红柿300克
　　　香菜30克
　　　蜂蜜适量

西红柿香菜汁

做法

① 西红柿以流水冲洗干净，去掉蒂头，切片。

② 香菜洗净，去掉根部，切成小段。

③ 将西红柿片、香菜段、蜂蜜装进榨汁机中，选择"榨汁"功能，榨取果汁即可。

西红柿杧果汁

材料 西红柿150克
杧果80克
蜂蜜少许

做法 ————————————

❶ 西红柿洗净，切块；杧果洗净，去皮，去核，将果肉切成小块。

❷ 将杧果、西红柿同入榨汁机榨汁后倒入杯中，加蜂蜜拌匀即可。

材料 卷心菜80克
西红柿45克
甘蔗汁300毫升

西红柿甘蔗汁

做法

① 洗净的卷心菜切成小块。

② 洗好的西红柿去除果皮，切成小瓣，备用。

③ 取榨汁机，选择"搅拌"刀座组合，倒入切好的卷心菜、西红柿，注入甘蔗汁，盖上盖。

④ 选择"榨汁"功能，榨取蔬菜汁，倒入杯中即可。

西红柿甜椒果汁

材料 西红柿150克
甜椒60克
胡萝卜100克
柠檬汁适量

做法

❶ 西红柿洗净去皮，切碎。

❷ 甜椒洗净去籽切碎；胡萝卜洗净去皮，切块。将所有材料放入榨汁机中榨取汁液即可。

白萝卜

白萝卜蜂蜜苹果汁

材料 白萝卜100克
苹果80克
蜂蜜适量

做法

❶ 白萝卜去皮，切成小块。苹果去皮、去核，切成小块。

❷ 将白萝卜、苹果放入榨汁机，榨成汁后倒入杯中，淋上蜂蜜即可。

材料 柠檬40克
　　　白萝卜70克
　　　芥菜80克
　　　蜂蜜适量

白萝卜芥菜柠檬汁

做法

❶ 将柠檬洗净，连皮切块；白萝卜洗净去皮，切块；芥菜洗净，切块。

❷ 将以上材料放入榨汁机中，榨汁后倒入杯中，加少许蜂蜜即可。

材料 大蒜30克
    白萝卜120克
    芹菜50克

白萝卜芹菜大蒜汁

做法

① 大蒜去皮，洗净，切小丁；白萝卜洗净后去皮，切块；芹菜洗净，切小段备用。

② 所有材料放入榨汁机中榨成汁，最后倒入杯中即可。

材料 白萝卜80克
姜30克
冰糖适量

白萝卜姜汁

做法

❶ 白萝卜洗净，切块；姜去皮洗净，切碎。

❷ 将白萝卜、姜、冰糖放入榨汁机中榨汁，最后倒入杯中即可。

胡萝卜

胡萝卜木瓜苹果汁

材料　胡萝卜60克
　　　苹果40克
　　　木瓜50克
　　　纯净水80毫升

做法

❶ 胡萝卜去皮，切块。木瓜去皮，去瓤，切小块。苹果切小块。

❷ 将胡萝卜、木瓜、苹果放入榨汁机中，倒入纯净水，榨成汁后倒入杯中即可。

材料 胡萝卜70克
红薯50克
南瓜25克
柠檬汁适量

胡萝卜红薯南瓜汁

做法

❶ 红薯洗净，去皮，煮熟；胡萝卜洗净，带皮使用。

❷ 南瓜洗净，去皮、瓤，切小块。

❸ 将所有的材料放入榨汁机一起榨成汁，然后滤出果肉即可。

芹菜葡萄柚汁

材料　芹菜30克
　　　葡萄柚200克
　　　青柠汁少许

做法

❶ 芹菜切除根部，洗净后用热水烫一会儿，捞起沥干备用。

❷ 葡萄柚去除果皮，切成小块备用。

❸ 将青柠洗净，用刀对切。以手捏一半青柠，并将捏出的青柠汁用小碗装好。

❹ 将芹菜、葡萄柚块放入榨汁机中，倒入青柠汁，选择"榨汁"功能。榨成汁后，即可倒入杯中享用。

材料 芹菜30克
阳桃50克
青提100克
芦笋30克

芹菜阳桃蔬果汁

做法

❶ 芹菜、芦笋洗净，切段；阳桃洗净，切块；青提洗净后对半切开，去籽。

❷ 将所有材料倒入榨汁机内，榨出汁后倒入杯中即可。

材料 芹菜80克
苹果50克
胡萝卜60克
蜂蜜少许

芹菜苹果汁

做法 ————

❶ 芹菜洗净，切成段；苹果洗净，去皮、去核，切成块；胡萝卜洗净，切成块。

❷ 将上述材料倒入榨汁机内，榨成汁，调入蜂蜜拌匀即可。

材料 芹菜200克
西红柿70克
冰块适量

芹菜西红柿汁

做法

❶ 芹菜去叶，洗净切小丁；西红柿去皮，洗后切小块。

❷ 将芹菜和西红柿放入榨汁机一起榨成汁，加入冰块即可。

材料 芹菜70克
芦笋40克
苹果50克
蜂蜜适量

芹菜芦笋汁

做法

❶ 芦笋去根，苹果去核，芹菜去叶，洗净后均以适当大小切块。

❷ 将上述材料放入榨汁机一起榨成汁，滤出果肉，加入蜂蜜调匀即可。

材料 芹菜30克
柳橙50克
胡萝卜90克
蜂蜜少许

芹菜胡萝卜柳橙汁

做法

❶ 芹菜洗净，切段；柳橙洗净，去皮、去核，切小块；胡萝卜洗净，切块。

❷ 将所有的材料倒入榨汁机内，榨成汁即可。

菠菜

材料 菠菜100克
青苹果150克
纯净水适量

菠菜青苹果汁

做法

❶ 菠菜洗净，切段，焯水后备用。

❷ 青苹果洗净，切成小块备用。

❸ 将菠菜段、青苹果块一起放入榨汁机中，加入适量纯净水，榨成汁后倒入杯中即可。

材料 菠菜90克
南瓜100克
橙子10克
熟黄豆粉适量
纯净水100毫升

菠菜南瓜汁

做法

① 菠菜去根，切成小段；南瓜去皮，切成小块；橙子去皮，切成小块。

② 将菠菜、南瓜分别放入沸水中焯煮至断生，捞出沥干。

③ 将所有材料放入榨汁机，加入熟黄豆粉、纯净水，榨成汁即可。

材料 橘子300克
狝猴桃120克
菠菜100克
纯净水80毫升

菠菜狝猴桃汁

做法

① 橘子剥掉外皮，掰成瓣。

② 狝猴桃去皮，切成小块。

③ 菠菜去掉根部，洗净，切成段，以热水煮一会后捞出。

④ 将橘子瓣、狝猴桃块、菠菜段装进榨汁机中，加入纯净水，榨取果汁。

材料 菠菜60克
　　　葱白60克
　　　蜂蜜30克
　　　香菜10克

菠菜葱白蜂蜜汁

做法 ————————————————————————————

❶ 菠菜、葱白、香菜均洗净，切小段。
❷ 将菠菜、葱白和香菜放入榨汁机中榨成汁，最后加入适量蜂蜜搅匀即可。

黄瓜

材料 黄瓜250克
番石榴200克
柠檬20克

黄瓜番石榴柠檬汁

做法 ————

❶ 黄瓜洗净，切块；番石榴洗净，切块；柠檬洗净，切成片。

❷ 将黄瓜、苹果、柠檬放入榨汁机榨汁即可。

材料 黄瓜50克
梨45克
西葫芦75克
纯净水35毫升

黄瓜梨汁

做法

① 黄瓜洗净，切成小块。

② 梨去皮、去核，切小块。

③ 西葫芦洗净，去掉头尾，切小块，焯水后捞出备用。

④ 将上述材料放进榨汁机中，加入纯净水。盖上榨汁机盖，选择"榨汁"功能，榨取果汁即可。

材料 黄瓜100克
　　　莴笋40克
　　　梨60克
　　　新鲜菠菜75克
　　　碎冰少许

黄瓜莴笋汁

做法

❶ 黄瓜洗净，切块；莴笋去皮，洗净切片；梨洗净，切块；菠菜洗净去根，切段。

❷ 将上述材料榨成汁，倒入杯中，加入碎冰即可。

材料 黄瓜80克
冬瓜50克
生菜叶30克
柠檬10克

黄瓜生菜冬瓜汁

做法 ————————

❶ 柠檬去皮，洗净；黄瓜、生菜洗净；冬瓜去皮、去瓤，洗净。将上述材料切成大小适当的块。

❷ 将所有材料放入榨汁机一起榨成汁，滤出果肉即可。

油菜

材料 油菜30克
　　　苹果90克
　　　柠檬10克
　　　纯净水90毫升

油菜苹果汁

做法

❶ 油菜洗净，只留下叶子，切成段。

❷ 苹果去皮洗净，切小块。

❸ 柠檬洗净，切成薄片。

❹ 将苹果块装进榨汁机中，倒入纯净水，榨成汁后，中途放入油菜段，再次榨成汁后，装入杯中即可。

材料 油菜60克
　　　李子40克

油菜李子汁

做法

❶ 李子洗净，去核，切小块；油菜洗净，切小段。

❷ 将李子、油菜放入榨汁机一起榨成汁即可。

材料 油菜50克
柳橙120克
柠檬汁少许

油菜柳橙汁

做法

❶ 将油菜洗净，切段备用。

❷ 柳橙去皮，切小块备用。

❸ 将油菜段、柳橙块放进榨汁机中，加入柠檬汁。选择"榨汁"功能，榨成汁后，即可倒入杯中享用。

材料 油菜80克
　　　卷心菜叶20克
　　　芹菜40克
　　　柠檬少许

油菜芹菜汁

做法 ————————————————————————

❶ 将卷心菜洗净，切成4~6等份；将芹菜洗净，切段；柠檬洗净，去皮、
　核、切块；油菜洗净。

❷ 将上述材料放入榨汁机中榨汁即可。

白菜

材料 白菜叶60克
芦笋40克
橙子40克

白菜芦笋橙汁

做法

❶ 白菜叶洗净切成小块。芦笋洗净削去老皮，切成小段；橙子去皮，切成小块。

❷ 白菜、芦笋分别放入沸水中焯煮至断生，捞出沥干。

❸ 将所有材料放入榨汁机，榨成汁即可。

材料 白菜叶50克
柠檬30克
柠檬皮少许
葡萄50克
纯净水适量

白菜柠檬葡萄汁

做法 ———

❶ 白菜叶洗净，切段；葡萄洗净，去皮、去核；柠檬洗净，去皮，取肉，
榨汁。

❷ 将白菜叶与葡萄、柠檬汁、柠檬皮以及纯净水一同放入榨汁机，榨取果汁
即可。

卷心菜

材料 卷心菜50克
白萝卜50克
无花果30克
酸奶适量

卷心菜白萝卜汁

做法 ————————

❶ 白萝卜、无花果、卷心菜均洗净，切以适当大小的块。

❷ 将所有材料入榨汁机榨成汁即可。

材料 卷心菜115克
　　　橘子90克

卷心菜橘子汁

做法

❶ 卷心菜洗净，切成丝。

❷ 橘子剥掉果皮，掰成瓣。

❸ 将卷心菜和橘子放入榨汁机里，盖上榨汁机盖，榨成液状即可。

一杯蔬果汁，
功效满满

Chapter 3

美白亮肤

牛油果苹果汁

材料 牛油果60克
苹果70克
纯净水100毫升
蜂蜜适量

做法 ————————————————————

❶ 打开牛油果，去掉果核，取出果肉。

❷ 苹果去皮后，用流水冲洗干净，切块。

❸ 将牛油果肉、苹果块放入榨汁机中，再加入适量蜂蜜和纯净水，盖上榨汁机盖，榨取果汁即可。

材料 哈密瓜150克
黄瓜80克
马蹄100克

哈密瓜黄瓜马蹄汁

做法 ——————

❶ 哈密瓜洗净，去皮、籽，切成小块。

❷ 黄瓜洗净，切成小块；马蹄洗净，去皮。

❸ 将所有材料一起榨成汁即可。

西红柿香蕉奶汁

材料 西红柿80克
香蕉60克
牛奶200毫升
蜂蜜少许

做法

① 西红柿用清水洗净，切成块；香蕉去皮，切段备用。

② 将所有材料放入榨汁机内，榨成汁后倒入杯中饮用即可。

材料 黄瓜60克
　　 芥蓝150克
　　 芹菜20克
　　 蜂蜜适量

黄瓜芥蓝芹菜汁

做法

❶ 黄瓜洗净, 去皮, 切条; 芥蓝择净清洗后切段。

❷ 芹菜去叶, 洗净, 切小段。

❸ 将所有材料放入榨汁机中榨汁即可。

金橘芦荟小黄瓜汁

材料 芦荟50克
小黄瓜130克
金橘200克
蜂蜜适量

做法

❶ 金橘洗净后对半切开，用刀尖挑去籽；芦荟去皮，切小块；小黄瓜切成小块。

❷ 将金橘块、芦荟块、小黄瓜块放入榨汁机中，倒入适量蜂蜜，榨成汁即可。

材料 猕猴桃180克
水芹100克
纯净水50毫升

猕猴桃水芹汁

做法

① 猕猴桃切头尾，用勺子将果肉取出。

② 水芹洗净，切段，焯水后捞出备用。

③ 将猕猴桃肉、水芹段放进榨汁机里，倒入纯净水。盖上榨汁机盖，榨成液态即可。

淡化斑纹

材料 甜瓜200克
梅脯40克
苹果醋100毫升

梅脯甜瓜果醋汁

做法

① 甜瓜去皮、籽，切成小块；梅脯去核。

② 将甜瓜、梅脯放入榨汁机，倒入苹果醋，榨成汁即可。

材料 柳橙120克
　　　熟玉米80克
　　　柠檬40克

柳橙玉米汁

做法

❶ 柳橙洗净去皮，切块；熟玉米洗净，取玉米粒备用；柠檬洗净，去皮，切片。

❷ 将所有材料放入榨汁机榨汁。

❸ 最后将蔬果汁倒入杯中即可饮用。

材料 西蓝花150克
莼菜100克
柠檬20克
鲜奶240毫升

西蓝花莼菜奶昔

做法 ————

① 西蓝花洗净，切块。

② 莼菜洗净，切小段；柠檬洗净，切片。

③ 将所有材料倒入榨汁机内，榨2分钟即可。

圣女果葡萄柚汁

材料 葡萄柚150克
　　　柠檬20克
　　　圣女果100克

做法 ——————————————————————————

❶ 圣女果对半切开；葡萄柚去皮，切成小块；柠檬挤出汁。

❷ 将圣女果、葡萄柚倒入榨汁机，再倒入柠檬汁，榨成果汁即可。

胡萝卜红薯牛奶汁

材料 胡萝卜70克
红薯60克
核桃仁1克
蜂蜜适量
熟芝麻适量

做法

❶ 胡萝卜洗净，去皮切成块，红薯洗净，去皮切小块，均用开水焯一下。

❷ 将所有材料放入榨汁机，一起榨成汁即可。

材料 山药80克
玉米60克
冬瓜60克
苹果40克

山药冬瓜玉米汁

做法

❶ 山药去皮，洗净切丁；苹果洗净去核，切丁；冬瓜去皮、瓤，洗净后切块；玉米洗净，取玉米粒。

❷ 将山药丁、冬瓜块、玉米粒均用开水焯一下，使其断生。

❸ 将所有材料放入榨汁机一起榨成汁即可。

预防感冒

材料 草莓50克
柚子80克
樱桃100克
糖水30毫升

樱桃草莓柚子汁

做法

❶ 柚子去皮，切小块；草莓、樱桃均洗净，草莓去蒂，切块，樱桃切块，去核。

❷ 将所有材料放入榨汁机中，榨1分钟，倒入杯中加少许糖水拌匀即可。

材料 木瓜100克
南瓜60克
柠檬少许
豆奶200毫升

南瓜木瓜汁

做法

❶ 木瓜、柠檬洗净去皮、籽，切块；南瓜洗净后去皮、瓤，切块，煮熟。

❷ 将所有材料放入榨汁机一起榨成汁，滤出果肉即可。

三色西红柿椒葡萄果汁

材料　红西红柿椒40克
　　　　绿西红柿椒40克
　　　　黄西红柿椒40克
　　　　葡萄30克
　　　　纯净水150毫升

做法

❶ 三色西红柿椒去籽，切成小块；葡萄对半切开，用刀尖挑去籽。

❷ 将所有材料放入榨汁机，倒入纯净水，榨成汁即可。

材料 梨60克
菠萝100克
冷开水少许

菠萝梨汁

做法

❶ 梨、菠萝均洗净，去皮、切块。

❷ 将梨、菠萝放入榨汁机中加少许冷开水榨汁，再倒入杯中即可。

材料 金橘60克
柳橙30克
柠檬15克
糖水适量

金橘柳橙柠檬果汁

做法 ————

① 将金橘、柳橙、柠檬用清水洗净，分别去皮、核，取肉。

② 将所有材料放入榨汁机中，榨取汁液后饮用。

材料 桃子60克
　　　胡萝卜30克
　　　柠檬10克
　　　牛奶100毫升

胡萝卜桃汁

做法

❶ 桃子、柠檬分别洗净去皮、去核，切块；胡萝卜洗净，去皮、切丁。

❷ 将桃子、胡萝卜、柠檬、牛奶一起放入榨汁机内榨成汁，滤出果肉即可。

材料 莲藕30克
菠萝50克
杧果60克
柠檬汁少许

莲藕菠萝柠檬汁

做法

❶ 菠萝去皮，洗净后切小块；莲藕洗净后去皮；杧果去皮、去核，切块。

❷ 将所有材料放入榨汁机一起榨成汁，滤出果肉，再调入适量柠檬汁拌匀即可。

洋葱胡萝卜李子汁

材料 洋葱10克
苹果50克
芹菜100克
胡萝卜200克
李子30克
冷开水适量

做法 ————

❶ 洋葱去皮洗净，切块；苹果洗净，去皮、核，切块；芹菜洗净，切段；胡萝卜去皮，切块；李子洗净，取肉。

❷ 将上述材料加冷开水放入榨汁机中榨成汁拌匀即可。

改善便秘

柑橘柠檬蜂蜜汁

材料 柑橘80克
柠檬60克
蜂蜜少许
冷开水适量

做法

❶ 柑橘去皮、籽，取肉，掰成瓣；柠檬洗净，切片。

❷ 将柑橘瓣、冷开水、蜂蜜依次倒入榨汁机中，榨取汁液后倒入杯中饮用即可。

材料 桃子60克
    苹果60克
    柠檬30克

桃子苹果汁

做法

❶ 桃子洗净，对切，去核，切块；苹果洗净，去掉果核，切块；柠檬洗净，切片。

❷ 将苹果、桃子、柠檬放进榨汁机中，榨出汁即可。

材料 覆盆子120克
　　　黑莓100克
　　　牛奶100毫升

覆盆子黑莓牛奶汁

做法

❶ 覆盆子、黑莓分别用清水洗净，再一起放入榨汁机中，倒入牛奶榨汁。

❷ 将果汁倒入杯中即可饮用。

材料 香蕉60克
　　　燕麦80克
　　　牛奶200毫升

香蕉燕麦汁

做法

❶ 香蕉去皮，取肉，切成小段；燕麦洗净。

❷ 将所有材料一起放入榨汁机内，榨成汁后倒入杯中即可饮用。

材料　胡萝卜50克
　　　白萝卜50克
　　　芹菜30克
　　　蜂蜜适量

萝卜芹菜汁

做法

❶ 胡萝卜去皮，洗净，切块；白萝卜洗净后去皮，切块；芹菜洗净，切小段
　备用。

❷ 将所有材料放入榨汁机中，榨成汁，倒入杯中，加入蜂蜜即可。

材料 莲藕50克
　　　胡萝卜50克
　　　柠檬20克
　　　蜂蜜5克

莲藕胡萝卜汁

做法

❶ 莲藕、胡萝卜洗净，去皮，切块；柠檬洗净，去皮、核，切块。

❷ 将所有材料放入榨汁机榨成汁即可。

防治脱发

材料 狝猴桃60克
柳橙40克
香蕉40克

狝猴桃柳橙汁

做法

① 柳橙洗净，去皮；香蕉去皮。

② 狝猴桃用清水洗净，切开取果肉。

③ 将柳橙、狝猴桃肉、香蕉一起放入榨汁机中榨汁，搅匀即可。

材料 香蕉80克
火龙果40克
牛奶50毫升

香蕉火龙果牛奶汁

做法

① 香蕉去皮，切成段；火龙果去皮，切成小块，与牛奶、香蕉一起放入榨汁机中，榨成汁。

② 将香蕉火龙果牛奶汁倒入杯中即可。

缓解贫血

材料 草莓100克
蜂蜜适量
薄荷叶适量

草莓蜂蜜汁

做法 ——

❶ 草莓用清水洗净后，去蒂，放入榨汁机中榨汁。

❷ 将果汁倒入杯中加蜂蜜搅拌均匀。

❸ 最后点缀上薄荷叶即可饮用。

材料 菠菜60克
菠萝40克
低脂鲜奶200毫升
蜂蜜少许

菠萝菠菜牛奶汁

做法

❶ 菠菜洗净、切段；菠萝洗净，去皮，切小片，放入榨汁机中。

❷ 倒入牛奶与蜂蜜，榨汁后搅拌均匀，即可饮用。

材料 木瓜250克
红薯200克
柠檬40克
牛奶200毫升
蜂蜜适量

木瓜红薯汁

做法

❶ 木瓜洗净，去皮，切块；柠檬洗净，去皮、核，切块；红薯洗净，煮熟，去皮压成泥。

❷ 将所有材料放入榨汁机，榨成汁即可。

材料·菠萝100克
　　苹果60克
　　原味酸奶60毫升
　　蜂蜜30克
　　碎冰适量

苹果菠萝酸奶汁

做法

❶ 苹果洗净，去皮，去核，切成小块备用；菠萝去皮，洗净，切成小块
　备用。

❷ 将碎冰、苹果及其余材料一起放入榨汁机内，以高速榨30秒即可。

材料 西红柿150克
山楂80克
蜂蜜10克
冷开水适量

蜂蜜西红柿山楂汁

做法 ────

❶ 西红柿洗干净，去掉蒂，切成大小合适的块；山楂洗干净，去籽，切成
小块。

❷ 将西红柿、山楂放入榨汁机内，加冷开水和蜂蜜，榨2分钟即可。

材料 土豆80克
　　　莲藕80克
　　　蜂蜜20克
　　　冰块适量

土豆莲藕蜜汁

做法 ———————————————————

❶ 土豆及莲藕洗净，去皮煮熟，待凉后切小块。

❷ 敲碎的冰块、土豆、莲藕、蜂蜜放入榨汁机中，以高速榨40秒钟即可。

改善睡眠

材料 黄瓜40克
苦瓜40克
西芹20克
蜂蜜适量

黄瓜西芹蔬果汁

做法

❶ 黄瓜洗净，切块；西芹洗净，切块；苦瓜洗净，去籽，切块。

❷ 将所有材料榨成汁即可。

材料 菠菜50克
苹果40克
卷心菜50克

菠菜苹果卷心菜汁

做法

❶ 将菠菜、卷心菜均洗净，切碎；苹果洗净，去核切块。

❷ 所有材料均放入榨汁机中榨汁即可。

材料 芋头200克
苹果200克
冰糖少许
酸奶150毫升

芋头苹果酸奶

做法 ———

❶ 芋头洗净，削皮，切成块；苹果洗净，去皮，切成块。

❷ 将准备好的材料放入榨汁机内，倒入酸奶、冰糖榨成汁即可。

材料 芹菜30克
     阳桃50克
     葡萄100克

芹菜阳桃葡萄汁

做法

❶ 芹菜洗净，切段；将阳桃洗净，切成小块；葡萄洗净后对切，去籽。

❷ 将所有材料倒入榨汁机内，榨出汁即可。

防治口腔溃疡

材料 香蕉80克
牛奶100毫升
提子干少许

提子香蕉奶

做法

① 将去皮的香蕉切成块，备用。

② 取榨汁机，选择搅拌刀座组合，倒入香蕉块，注入牛奶。

③ 盖上榨汁机盖，选择"榨汁"功能，榨取果汁。

④ 断电后揭开榨汁机盖，将榨好的果汁倒入杯子。

⑤ 加入适量的提子干即可。

材料 黄瓜60克
　　　苦瓜50克
　　　柠檬20克
　　　芹菜50克
　　　蜂蜜适量
　　　纯净水适量

苦瓜芹菜黄瓜汁

做法

① 苦瓜洗净，去籽，切小块备用；柠檬洗净，去皮，切小块；黄瓜洗净，去皮，切片。

② 将苦瓜、柠檬加纯净水榨成汁。

③ 加蜂蜜调匀，倒入杯中即可。

材料 黄花菜60克
菠菜60克
葱白60克
蜂蜜30克

黄花菠菜蜂蜜汁

做法

❶ 黄花菜、菠菜、葱白均洗净，切小段。

❷ 将黄花菜、菠菜、葱白放入榨汁机中榨成汁，最后加入适量蜂蜜搅拌均匀即可。

苦瓜汁

材料 苦瓜肉100克
柳橙汁120毫升
白糖10克
纯净水适量

做法 ─────────

1. 将苦瓜肉切小丁块，备用。
2. 在榨汁机内放入苦瓜块，倒入柳橙汁。
3. 倒入适量纯净水，撒上适量白糖，盖好榨汁机盖。
4. 选择"榨汁"功能，榨取蔬果汁。
5. 断电后倒出苦瓜汁，装入杯中即可。

增强免疫力

材料 苹果100克
　　　蓝莓70克
　　　冷开水适量

苹果蓝莓汁

做法

❶ 苹果洗净，去核，切成小块；蓝莓洗净。

❷ 将蓝莓、苹果和冷开水放入果汁机内，榨均匀，最后把果汁倒入杯中即可。

材料 黑莓80克
草莓60克

黑莓草莓汁

做法

① 黑莓洗净，沥干；草莓洗净、去蒂。

② 将以上材料一同放入果汁机中榨汁，最后将榨好的果汁倒入杯中即可饮用。

材料 草莓80克
芹菜200克

草莓芹菜汁

做法

❶ 芹菜洗净，切小段；草莓洗净，去蒂，对半切开。

❷ 将芹菜放入榨汁机中榨汁，再将草莓放入，与芹菜汁混合即可。

材料 香蕉80克
柳橙60克
优酪乳200毫升

香蕉柳橙优酪乳

做法

❶ 香蕉去皮，切成大小适当的块。

❷ 柳橙洗净，去皮，切成小块。

❸ 将所有材料放入榨汁机内，榨均匀即可。

材料 莲藕30克
　　　橙子90克
　　　冰块适量

莲藕橙子汁

做法

① 莲藕去皮，洗净，切丁；将橙子去皮、籽，切成适当大小的块。

② 将莲藕和橙子一同放入榨汁机榨成汁，滤出果肉，倒入冰块即可。

材料 胡萝卜200克
草莓80克
柠檬少许

胡萝卜草莓柠檬汁

做法

❶ 胡萝卜洗净,切小块;草莓洗净,去蒂;柠檬洗净,去皮切薄片。

❷ 将所有材料一同放入榨汁机中榨汁,最后倒入杯中即可饮用。

美味蔬果汁，
适合全家饮用

Chapter 4

材料 橙子150克
橘子80克
柠檬汁适量

柠檬橙子橘子汁

做法

❶ 橙子去皮，取肉切小块；橘子去皮、去核，切块。

❷ 将橙子和橘子放入榨汁机中榨汁搅拌后，再倒入玻璃杯中。

❸ 在玻璃杯中加入柠檬汁混合均匀即可。

柠檬橘子南瓜汁

材料 柠檬60克
橘子50克
南瓜100克

做法

❶ 柠檬、橘子分别洗净，去皮，切块；南瓜洗净，取肉，切块。

❷ 将柠檬、橘子放入榨汁机榨汁，取出备用；再将南瓜榨成汁，最后
混合均匀即可。

材料 青葡萄70克
红葡萄70克
冰块适量

青红葡萄汁

做法

① 将青、红葡萄一一摘下，用水洗净。

② 把带皮的青、红葡萄放入果汁机内，榨均匀。

③ 把果汁滤出倒入杯中，放入冰块即可。

材料 苹果120克
　　　黄瓜60克
　　　纯净水适量
　　　绿花椰适量

苹果黄瓜汁

做法 ————————————————

❶ 苹果洗净，切成小块；黄瓜洗净，切成小块。

❷ 在果汁机内放入苹果和纯净水，榨均匀。把果汁倒入杯中，用苹果和绿花椰装饰即可。

材料 雪梨80克
李子60克
蜂蜜适量

雪梨李子蜂蜜汁

做法

❶ 雪梨洗净，去皮、去籽；李子洗净，去皮、去籽；

❷ 将以上材料以适当大小切块，与蜂蜜一起放入榨汁机内榨成汁，滤出果肉即可。

玫瑰黄瓜汁

材料 新鲜黄瓜300克
西瓜350克
鲜玫瑰花50克
蜂蜜少许
冷开水适量

做法 ————————————————————————————

❶ 西瓜洗净去皮、去籽，切块；黄瓜洗净去皮切成小块；玫瑰花洗净备用。

❷ 将西瓜、黄瓜、玫瑰花与冷开水和蜂蜜同入榨汁机中榨汁即可。

材料 火龙果80克
苹果60克
蜂蜜适量
冷开水适量

火龙果苹果汁

做法

❶ 火龙果取肉；苹果洗净，去皮、核，切块。

❷ 将火龙果、苹果放入榨汁机内。

❸ 加入冷开水，榨成汁，加蜂蜜即可。

材料 西红柿100克
胡萝卜60克
柠檬20克
冰块适量

西红柿胡萝卜汁

做法

① 西红柿、胡萝卜洗净，去皮，切成小块；柠檬洗净，切片。

② 将所有材料放入榨汁机榨成汁。

③ 将冰块加入果菜汁中，搅匀即可。

男性

材料 西蓝花50克
红糖适量
冷开水450毫升

西蓝花红糖汁

做法

❶ 西蓝花切成小朵状，用沸水煮熟后以冷水浸泡片刻，沥干备用。

❷ 将西蓝花与红糖倒入果汁机中，加450毫升冷开水榨成汁即可。

材料 香蕉100克
油菜50克

香蕉油菜汁

做法

❶ 香蕉去皮，切成小块；油菜洗净，切成小段。

❷ 将全部材料放入榨汁机中，榨成汁即可。

材料 葡萄柚150克
菠萝60克
蜂蜜10克
纯净水适量

葡萄柚菠萝汁

做法 ————

❶ 葡萄柚切成两半，用榨汁机榨汁。

❷ 菠萝去皮，切成小块。

❸ 把菠萝、蜂蜜、纯净水和葡萄柚汁倒入果汁机内，榨均匀即可。

材料 香蕉160克
哈密瓜100克
脱脂鲜奶200毫升

香蕉哈密瓜奶汁

做法

① 香蕉去皮，切块。

② 将哈密瓜洗干净，去掉外皮，去掉瓤，切成小块，备用。

③ 将所有材料放入榨汁机内榨2分钟即可。

材料 菠萝560克
西红柿80克
蜂蜜少许

菠萝西红柿蜂蜜汁

做法

① 菠萝洗净，去皮，切成小块。

② 西红柿洗净，去皮，切小块。

③ 将以上材料倒入榨汁机内，榨成汁，加入蜂蜜拌匀即可。

材料 葡萄50克
哈密瓜60克
蓝莓适量

葡萄哈密瓜蓝莓汁

做法

❶ 葡萄洗净，去皮、籽；将哈密瓜洗净，去皮，切成小块；蓝莓洗净备用。

❷ 将所有材料放入榨汁机内榨成汁即可。

材料 苹果60克
荀蒿30克
柠檬少许
冷开水适量

苹果荀蒿蔬果汁

做法

❶ 苹果、柠檬分别洗净去皮，去核，切成片；将荀蒿洗净，切成段。

❷ 将苹果、荀蒿、柠檬和冷开水一起放入榨汁机中，榨成汁即可。

材料 猕猴桃100克
杧果100克
哈密瓜30克
奶酪130克

猕猴桃杧果奶酪

做法

❶ 杧果、哈密瓜分别洗净，杧果去皮、核，切块，哈密瓜去皮、瓤，切块。

❷ 猕猴桃洗净，切开取出果肉。

❸ 将杧果、哈密瓜、猕猴桃果肉及奶酪一起放入榨汁机中榨汁即可。

材料 柠檬60克
青椒50克
白萝卜50克
柚子40克
冰块少许

柠檬青椒柚子汁

做法

❶ 柠檬洗净，切块；柚子去皮、去籽；青椒和白萝卜均洗净，切块。

❷ 将柠檬和柚子榨汁，再将青椒和白萝卜放入榨汁机榨汁。

❸ 将蔬果汁混合，加入少许冰块即可。

香菇葡萄汁

材料 干香菇10克
葡萄120克
蜂蜜10克

做法

① 香菇洗净，用温水泡发好煮熟备用。

② 葡萄洗净，与香菇混合放入榨汁机中榨成汁。

③ 加入蜂蜜拌匀即可。

老年人

材料 香蕉80克
花生60克
冷开水适量

香蕉花生汁

做法

❶ 将香蕉去皮，切成小块；花生去掉外皮，备用。

❷ 加入冷开水，将全部材料放入榨汁机中，榨成汁即可。

材料 苹果70克
芥蓝120克
柠檬20克
蜂蜜适量
冰块适量

苹果芥蓝汁

做法

❶ 苹果洗净，去皮，去核，切小块；将芥蓝洗净，切段；柠檬洗净切片
备用。

❷ 将苹果、芥蓝、柠檬一起放入榨汁机中，榨出汁，加入蜂蜜及冰块即可。

材料 草莓60克
芦笋50克
猕猴桃50克

草莓芦笋猕猴桃汁

做法 ———————————

❶ 草莓洗净，去蒂；芦笋洗净，切段；猕猴桃洗净，去皮，切块。

❷ 将草莓、芦笋、猕猴桃放入榨汁机中，榨成汁即可。

材料 柠檬20克
西芹50克
菠萝100克

柠檬菠萝蔬果汁

做法

① 柠檬洗净连皮切成3块；西芹洗净，切段；菠萝洗净，去皮，切块。

② 将柠檬、菠萝及西芹放入榨汁机榨汁。

③ 将蔬果汁倒入杯中即可。

材料 西瓜100克
石榴200克
胡萝卜100克
蜂蜜少许

西瓜石榴汁

做法

❶ 胡萝卜削去外皮，洗净切块备用；石榴取肉；西瓜洗净去皮、去籽取肉。

❷ 将以上所有的材料放入榨汁机中，榨成汁即可。

黄瓜柠檬蜜汁

材料 黄瓜300克
柠檬50克
白糖少许
蜂蜜适量
纯净水少许

做法 ————————

❶ 黄瓜洗净，切块，稍焯水备用；柠檬洗净，切片。

❷ 将黄瓜与柠檬一起放入榨汁机内加少许纯净水榨成汁。

❸ 取汁，兑入白糖，加入蜂蜜拌匀即可。

材料 香蕉100克
油菜60克
花生20克

香蕉油菜花生汁

做法 —————

❶ 香蕉去皮，切成小块；油菜洗净，切成小段；花生去掉外皮，备用。

❷ 将全部材料放入榨汁机中，榨成汁即可。

胡萝卜西瓜李子汁

材料　胡萝卜200克
　　　　西瓜150克
　　　　蜂蜜适量
　　　　柠檬汁适量

做法 ────────────

❶ 西瓜去皮、籽；胡萝卜洗净，切块。

❷ 将西瓜和胡萝卜一起放入榨汁机中，榨成汁。

❸ 加入蜂蜜与柠檬汁，拌匀即可。

材料 芦笋100克
芹菜50克
苹果50克
葡萄柚40克
蜂蜜少许

芦笋蜜柚汁

做法

① 芦笋洗净，切段。

② 芹菜洗净后切成段；苹果洗净后去皮，去核，切丁；葡萄柚去皮取肉。

③ 将芦笋、芹菜、苹果、葡萄柚榨汁，最后加入蜂蜜调味即可。

胡萝卜桂圆汁

材料 桂圆50克
胡萝卜70克
蜂蜜适量
冷开水适量

做法 ——————————————————————

❶ 胡萝卜洗净，切小块备用。

❷ 将桂圆去壳及核，与胡萝卜、冷开水一起放入榨汁机中打成汁，加入蜂蜜调匀即可。

材料 山药50克
　　　橘子100克
　　　哈密瓜200克
　　　牛奶200毫升

山药橘子哈密瓜汁

做法

❶ 山药、哈密瓜去皮，橘子去皮、核，洗净后均切块。

❷ 将上述材料放入榨汁机一起榨成汁，滤出果肉，加入牛奶拌匀即可。

材料 胡萝卜80克
石榴60克
卷心菜20克
蜂蜜适量
冷开水适量

胡萝卜石榴卷心菜汁

做法

❶ 胡萝卜洗净,去皮,切条;石榴去皮,去籽;将卷心菜洗净,撕片。

❷ 将胡萝卜、石榴、卷心菜放入榨汁机中榨成汁,加入蜂蜜、冷开水即可。

儿童

香蕉菠菜苹果柠檬汁

材料 香蕉80克
菠菜100克
苹果60克
柠檬适量

做法

❶ 香蕉去皮，切块；菠菜洗净，择去黄叶，切成段；苹果洗净，切块；柠檬洗净，去皮。

❷ 将所有材料放入榨汁机内榨成汁即可。

材料　草莓60克
　　　菠萝100克
　　　葡萄柚80克
　　　韭菜50克

草莓葡萄柚汁

做法

❶ 草莓洗净，去蒂；菠萝去皮，切块；葡萄柚去皮；韭菜洗净，切段。

❷ 将韭菜、草莓、菠萝、葡萄柚直接放入榨汁机榨汁即可。

材料 苹果120克
　　西红柿50克
　　蜂蜜适量
　　凉开水50毫升

苹果西红柿蜂蜜饮

做法

❶ 苹果、西红柿分别洗净，去掉外皮，切成小块。

❷ 将上述材料放入果汁机中，再加入50毫升凉开水、蜂蜜适量，榨成汁即可。

材料 白梨60克
西瓜150克
苹果70克
柠檬30克

白梨西瓜苹果汁

做法 ————————————

❶ 将白梨和苹果洗净，去果核，切块；西瓜洗净，切开，去皮；柠檬洗净，
切成块。

❷ 所有材料放入榨汁机榨汁即可。

材料 木瓜70克
　　　紫甘蓝80克
　　　鲜奶150毫升

木瓜蔬菜汁

做法

❶ 紫甘蓝洗净，沥干，切小片；木瓜洗净，去皮，对半切开，去籽，切块入榨汁机中。

❷ 加入紫甘蓝、鲜奶榨成汁；滤除果菜渣，倒入杯中即可。

材料 阳桃120克
柳橙60克
柠檬50克
蜂蜜少许

阳桃柳橙汁

做法 ────

❶ 阳桃洗净，切块，入锅加水熬煮4分钟，放凉；柳橙、柠檬分别洗净，去皮、核，切块，同榨果汁。

❷ 将阳桃入杯，加果汁和蜂蜜一起调匀即可。

材料 胡萝卜200克
纯净水适量

胡萝卜汁

做法

① 将胡萝卜用水洗净，去皮，切段。

② 用榨汁机榨出胡萝卜汁，并用纯净水稀释。

③ 把胡萝卜汁倒入杯中，装饰一片胡萝卜即可。

材料 胡萝卜120克
柳橙汁100毫升
苹果50克

胡萝卜柳橙苹果汁

做法 —————

❶ 将胡萝卜和苹果洗净，胡萝卜切块；苹果去皮及核，切块备用。

❷ 把全部材料放入果汁机内，榨成汁即可。

材料 南瓜60克
豆浆70毫升
果糖适量

南瓜豆浆汁

做法

❶ 南瓜去籽，洗净，切小块，排列在耐热容器上，盖保鲜膜，放入微波炉加热90秒，至变软。

❷ 南瓜冷却后去皮，与豆浆同入榨汁机中，搅拌后加果糖即可。

材料 南瓜100克
胡萝卜50克
橙子50克
柠檬10克

南瓜胡萝卜橙子汁

做法 ——————

❶ 胡萝卜、柠檬、橙子洗净后去皮，以适当大小切块；南瓜洗净后去皮、去籽，切块煮熟。

❷ 将所有材料放入榨汁机一起榨成汁，滤出果肉即可。

材料 卷心菜100克
苹果100克
柠檬20克
纯净水适量

卷心菜苹果柠檬汁

做法

① 卷心菜洗净，切丝；苹果去核，切块。

② 柠檬洗净，榨汁备用。

③ 将卷心菜、苹果放入榨汁机中，加入纯净水后榨汁。

④ 最后加入柠檬汁调味即可。

材料 莲藕30克
木瓜80克
杏30克
李子20克

莲藕木瓜李子汁

做法 ———

① 莲藕洗净、去皮，木瓜洗净、去皮、去籽，杏、李子洗净、去皮、去核，均以适当大小切块。

② 将所有材料放入榨汁机一起榨成汁，滤出果肉即可。

材料 草莓60克
香瓜80克
果糖3克
冷开水适量

草莓香瓜汁

做法

❶ 草莓去蒂，洗净，切小块；香瓜洗净后去皮，去籽，切小块。

❷ 将所有材料与冷开水一起放入榨汁机中，榨成汁，再加入果糖调味即可。

材料 桃子70克
橘子80克
温牛奶300毫升
蜂蜜适量

桃子橘子汁

做法

❶ 橘子去皮，掰成瓣；桃子洗净去皮，去核，以适当大小切块。

❷ 将所有材料放入榨汁机一起榨成汁，滤出果肉即可。

材料 柠檬80克
柳橙100克
香瓜90克
冰块少许

柳橙香瓜汁

做法

❶ 柠檬洗净，切块；柳橙去皮、籽，切块；香瓜洗净，切块。

❷ 将柠檬、柳橙、香瓜放入榨汁机榨成汁，向果汁中加少许冰块即可。

材料 橘子90克
菠萝50克
薄荷叶5克
陈皮1克

橘子菠萝汁

做法

❶ 橘子去皮，掰成瓣；菠萝去皮，洗净，切块；陈皮泡发；薄荷叶洗净。

❷ 将所有材料放入榨汁机一起榨成汁，滤出果肉即可。

材料 柠檬70克
　　　芥菜100克
　　　葡萄柚120克

柠檬芥菜葡萄柚汁

做法 ————————————

❶ 柠檬洗净连皮切成块；葡萄柚洗净，去皮；芥菜洗净。

❷ 将柠檬、葡萄柚、芥菜放入榨汁机榨汁即可。

材料 葡萄150克
　　 胡萝卜50克
　　 酸奶200毫升

葡萄蔬果汁

做法 ————

❶ 胡萝卜用清水洗干净，去掉外皮，切成大小适合的块；葡萄用清水洗干净，去籽备用。

❷ 将所有材料放入榨汁机内榨成汁即可。

材料 西瓜100克
西芹50克
菠萝100克
胡萝卜100克
蜂蜜少许
冷开水适量

西瓜西芹胡萝卜汁

做法

❶ 菠萝、胡萝卜削去外皮，洗净切块；西芹洗净，切小段；西瓜洗净去籽
取肉。

❷ 将冷开水倒入榨汁机中，再将以上材料和蜂蜜放入榨汁机中，榨成汁过滤
即可。

材料 西红柿150克
　　　胡萝卜60克
　　　柠檬15克

西红柿柠檬胡萝卜汁

做法

❶ 西红柿、柠檬、胡萝卜分别洗净，切块备用。

❷ 将所有材料一起放入榨汁机内，榨汁即可。

材料 菠菜60克
黑芝麻10克
牛奶30毫升
蜂蜜少许

菠菜黑芝麻牛奶汁

做法

❶ 菠菜洗净，去根；黑芝麻稍洗，沥干备用。

❷ 将菠菜、黑芝麻和牛奶一同放入榨汁机中榨汁，倒入杯中，加蜂蜜调味即可。

材料 柠檬80克
南瓜100克
葡萄柚120克

柠檬南瓜葡萄柚汁

做法

❶ 柠檬洗净，连皮切成块；葡萄柚洗净，去皮；南瓜洗净，去皮，取肉，切段。

❷ 将柠檬、葡萄柚、南瓜放入榨汁机榨汁即可。

材料 金橘120克
番石榴60克
苹果50克
蜂蜜少许
冷开水适量

金橘番石榴苹果汁

做法

❶ 番石榴洗净，切块；苹果洗净，切块；金橘洗净，切开，都放入榨汁机中。

❷ 将冷开水、蜂蜜加入杯中，与上述材料一起榨成果泥状，滤出果汁即可。